AF501008

LE CHEVAL

ALLURES ET VITESSES

PAR

P. MACHART

CAPITAINE D'ARTILLERIE

AVEC 35 CROQUIS ET PHOTOGRAVURES

BERGER-LEVRAULT ET Cie, LIBRAIRES-ÉDITEURS

PARIS | NANCY
5, RUE DES BEAUX-ARTS | 18, RUE DES GLACIS

1898

LE CHEVAL

ALLURES ET VITESSES

PAR

P. MACHART

CAPITAINE D'ARTILLERIE

BERGER-LEVRAULT ET Cie, LIBRAIRES-ÉDITEURS

PARIS — 5, RUE DES BEAUX-ARTS | NANCY — 18, RUE DES GLACIS

1898

Extrait de la *Revue d'artillerie*
(Septembre 1898)

LE CHEVAL

ALLURES ET VITESSES

L'étude des allures du cheval a fait depuis quelques années, grâce notamment aux études de M. le Dr Marey, de grands progrès. Les appareils de chronophotographie de ce savant expérimentateur ont permis de prendre sur le fait et de figer en quelque sorte les mouvements. Il en est résulté, dans quelques cas, de véritables révolutions dans les idées reçues et, comme contre-coup, des modifications profondes dans les procédés artistiques qui ont pour objet la représentation du cheval en mouvement. Une très intéressante étude publiée dans la *Revue de cavalerie* (1), et à laquelle nous ferons de nombreux emprunts, montre les étapes accomplies par la peinture en cette matière.

Toutes les allures d'un quadrupède comportent nécessairement huit temps, chaque membre ayant un temps d'appui et un temps de soutien ; mais, dans le langage courant, on néglige les temps de soutien et, de plus, on ne compte qu'un temps lorsque deux membres sont simultanément à l'appui. En ceci, on suppose implicitement que deux membres qui sont venus ensemble à l'appui le quittent en même temps, ce qui est loin d'être exact. En réalité, les expressions usuelles : allure à deux, trois ou quatre temps, ne s'appliquent qu'aux sons perçus par l'oreille.

Pour l'étude des allures, on peut, assez exactement,

(1) Voir *Revue de cavalerie*, octobre et novembre 1895. Cette étude a été également publiée en un volume séparé, sous le titre : *Le Mécanisme des allures du cheval*, par M. Guérin-Catelain. In-8, avec 30 chronophotographies. — *Paris*, Berger-Levrault et Cie. Prix : 3 fr.

comparer les bipèdes antérieur et postérieur du cheval à deux hommes, marchant l'un derrière l'autre, et chargés d'un fardeau commun. Selon le genre d'accord existant entre les allures de ces deux hommes, on a toutes celles du cheval, régulières ou non.

ALLURES MARCHÉES

L'amble.

L'amble est l'allure dont le mécanisme est le plus simple (fig. 1). Les deux bipèdes, antérieur et postérieur,

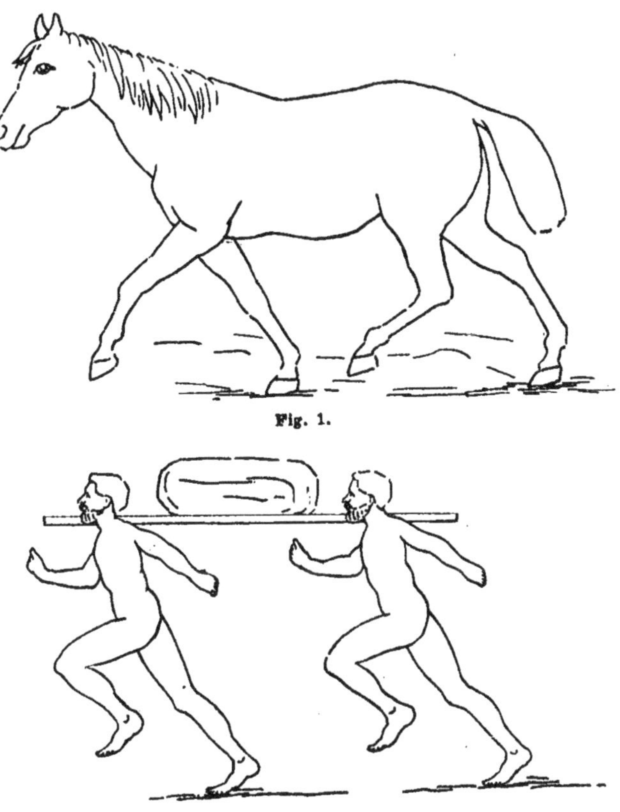

Fig. 1.

Fig. 2.

sont *au pas* dans le sens que les militaires attachent à cette expression (fig. 2). Si le pas est rompu, l'un des deux bipèdes étant en avance sur l'autre, on a les différents pas irréguliers dits : pas de Raabe, amble rompu, etc.

L'amble rompu est l'allure habituelle des porteurs de chaise. C'est la plus favorable à la marche rapide d'un cheval chargé d'un lourd fardeau, mais les animaux qui y sont habitués deviennent peu propres aux allures régulières ; aussi l'amble rompu est-il passé de mode, en même temps que le cheval de bât est devenu de moins en moins employé.

Le pas.

Supposons nos deux hommes marchant à une vitesse assez réduite, pour que chacun d'eux ne lève un pied

Fig. 3. Fig. 4.

qu'après avoir posé l'autre depuis un temps appréciable (fig. 3). Supposons, en même temps, que celui qui est en arrière ait une avance telle, qu'il pose un pied au moment où son camarade lève le correspondant diagonal ; le quadrupède aura constamment trois pieds à terre. C'est le pas des chevaux de halage (fig. 4).

Au pas ordinaire, la vitesse est plus grande et, par suite, l'appui bipédal de chacun de nos hommes tend à disparaître. Le bipède postérieur est en avance d'un demi-pas simple ; chacun de ses pieds se pose après le correspondant diagonal, mais avant l'antérieur du même côté.

Si l'avance est juste d'un demi-pas — ce qui est moins

Fig. 5.

commun qu'on ne croit, — on entend quatre battues isochrones : c'est le pas à quatre temps régulier. C'est cette

Fig. 6.

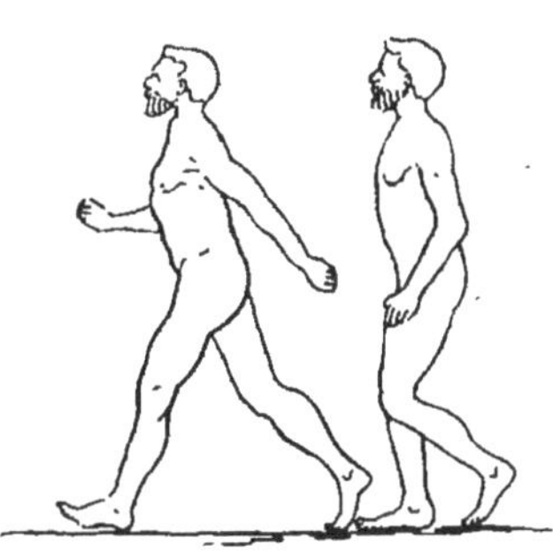

Fig. 7.

allure que représente la série de photographies instantanées que nous empruntons à la *Revue de cavalerie* (fig. 5 et 6, et 8 à 11). Nous avons rapproché de l'une d'elles le décalque de photographies du docteur Marey, qui représentent la marche de l'homme (fig. 7), et dans lesquelles les deux bipèdes humains ont la même attitude que ceux de l'animal.

Si l'on examine avec attention ces photographies, on remarquera que le pied postérieur est toujours en avance sur le pied de devant du même côté. Dans la fig. 8 par

Fig. 8.

exemple, le pied postérieur gauche est déjà en avant de la verticale, tandis que le pied antérieur est encore en arrière; dans la fig. 11, le pied postérieur est prêt à se poser, tandis que l'antérieur est juste à moitié chemin. L'arrière-main est donc en avance d'un demi-pas.

Cette avance croîtra à mesure que la vitesse augmentera. Il n'en peut être autrement, puisque la forme des membres postérieurs les rend plus propres que les membres antérieurs à la propulsion (1).

---

(1) Lorsque le cheval part du repos, il entame d'ordinaire la marche par un pied de devant; mais alors le premier pas de l'arrière-main est plus grand.

Si, d'autre part, on place le cheval immobile, de façon que ses pieds antérieurs reposent sur le plancher d'une bascule, on constate qu'à l'instant où le mouvement commence, le poids indiqué par cette bascule diminue de 10 à 15 kg. Le cheval a donc fait un mouvement, généralement im-

Il résulte également de ce fait que, si l'on reprend la comparaison faite au début de cette étude, le bipède postérieur peut être assimilé à un homme qui exerce une

Fig. 9.

Fig. 10.

poussée sur un autre homme placé devant lui et représentant le bipède antérieur. Mais l'homme qu'on pousse par

---

perceptible à l'œil, qui a rejeté sur l'arrière-main une partie du poids porté au repos par l'avant-main. On conçoit dès lors que le mouvement commence par l'avant-main.

Cet effet se remarque même chez les chevaux de trait, bien que pour démarrer ils portent nettement le corps en avant.

derrière a une tendance à sauter. Chacun de ses pieds quitte donc terre avant que l'autre ne se soit posé ou, du moins, aussitôt qu'il est posé. Au contraire, l'homme qui exerce une poussée prend appui sur ses deux pieds. Les *temps d'appui doivent donc être moins longs pour le bipède antérieur que pour le bipède postérieur.*

Fig. 11.

Ce détail a, croyons-nous, échappé jusqu'ici à la plupart des observateurs ; il a été mis en lumière par les travaux encore inédits du commandant *Gossart*. En prenant, à l'aide d'un appareil établi par lui, des clichés à intervalles assez rapprochés — environ trente par seconde, — il a constaté que les durées des temps d'appui étaient dans la proportion de 3 à 4, 3 pour le bipède antérieur, 4 pour le postérieur (1).

En examinant, parmi les figures que nous reproduisons ici, celles où le cheval a une base tripédale, on voit en effet que les pieds de derrière se trouvent ensemble franchement à l'appui (fig. 5 et 9) ; par contre, les fig. 6 et

(1) Des observations récentes du Dr Marey paraissent confirmer celles du commandant Gossart.

10 montrent qu'un pied de devant se lève au moment même où l'autre se pose.

Il est donc exact de dire que l'expression usuelle de pas à quatre temps ne correspond qu'au bruit des battues. Il s'en faut d'ailleurs que ces battues soient toujours régulièrement espacées. Selon que l'avance du bipède postérieur est plus ou moins grande, on se rapproche du *pas relevé* ou de l'*amble rompu*.

Le pas relevé.

Lorsque l'arrière-main est très énergique et l'allure rapide, le bipède antérieur, énergiquement poussé, prend une allure courue. C'est le *pas relevé* des bidets d'allure — expression impropre, ont dit certains auteurs, puisque les membres rasent le tapis (mouvement instinctif d'un homme poussé en avant); expression parfaitement juste, pensons-nous : ce ne sont pas les pieds qui sont relevés, c'est le poids de l'avant-main tout entier qui est enlevé par l'arrière-main.

Dans le pas relevé, le bipède postérieur, poussant plus énergiquement qu'au pas ordinaire, accroît naturellement son avance qui se rapproche d'un pas simple. Cette avance d'un pas simple est celle qui correspond au trot; aussi Goubeaux et Barrier considèrent-ils le pas relevé comme un intermédiaire entre le pas et le trot décousu.

Puissance de travail du cheval au pas.

Quoi qu'il en soit, le pas semble être l'allure qui doit le moins fatiguer le cheval : accord parfait entre les membres, répartition des efforts conforme à leur force respective, poser moelleux évitant les chocs.

Le pas ne doit exiger qu'un travail automoteur très faible. M. *Sanson* estime ce travail, pour un cheval du poids de 500 kg, à 25 kgm par mètre franchi. Aussi le cheval libre peut-il marcher au pas presque indéfiniment. *Tredgold* (*Traité des chemins de fer*) pense qu'il peut parcourir chaque jour 74 km en 10 heures. *Courtois* (*Traité des moteurs*) admet 72 km. Enfin *Léchalas* (*Annales des ponts et chaussées*) indique 70 km.

Si le parcours est plus faible, les forces disponibles pour le travail utile sont considérables. D'après le témoignage de Courtois, les pelletiers anglais chargeaient leurs chevaux à 200 kg et même 250 kg sur le dos. Le travail utile des chevaux attelés, au pas de 1 m par seconde, s'élève couramment à 2 000 000 kgm par jour, il approche de 3 000 000 pour les grands fardiers, tandis qu'à l'allure des omnibus il ne dépasse pas 600 000 à 700 000.

Il n'est pas certain toutefois que le grand pas, ou pas d'entraînement, ne fatigue pas davantage les chevaux, à vitesse égale, qu'une autre allure. L'usage constant des ambleurs et des chevaux de pas relevé, chez les peuples habitués aux longs voyages à cheval, semble donner quelque force à cette manière de voir.

Représentation artistique du pas.

Dans l'antiquité, on a souvent représenté le cheval au pas (que des observateurs superficiels ont parfois confondu avec l'amble).

Un exemple très remarquable au point de vue de la justesse de l'attitude nous est fourni par un bas-relief assyrien, reproduit (fig. 12) d'après la *Revue de cavalerie*, et que cite le Dr Marey. Ce savant observateur a également remarqué deux beaux spécimens de chevaux au pas sur la colonne Trajane. Le Catilina du musée de Naples, le Marcus Balbus de Pompéi présentent aussi des chevaux à un pas assez régulier. Il en est de même des chevaux de Saint-Marc de Venise.

La représentation de la nature était encore assez fidèle,

à l'époque de la Renaissance : témoins, le Colleoni de Venise, le portrait de Giov. Acuto à Florence, la statue de

Fig. 12.

Gattamelata à Padoue, celle du marquis de Mantoue au Louvre, etc..., et même les chevaux un peu frustes dessinés par le roi René.

Mais à partir du XVIIe siècle, tous les chevaux représentés au pas dans les ouvrages de Pluvinel, du marquis de Newcastle, de la Guérinière, de Riedinger, etc., sont, en réalité, au piaffé ou même au trot [1].

Horace Vernet a représenté dans la Smala un cheval au pas (fig. 13) qui est en réalité au trot, et quel trot! Il a fallu arriver à Meissonier pour trouver, dans les dernières œuvres de ce grand artiste (fig. 14), le retour à une notion plus exacte

Fig. 13.

[1] On trouve pourtant des chevaux au pas dans les planches et vignettes des Mémoires d'artillerie de *Surirey de Saint-Remy*, publiés au milieu du XVIIIe siècle.

de la réalité, et presque une copie d'un cheval de la colonne Trajane (fig. 14 et 15).

Fig. 14. Fig. 15.

« Nous ne saurions aller plus avant que les anciens, dit Lafontaine, et ils ne nous ont laissé pour notre part que la gloire de les bien suivre. »

Lafontaine a prouvé lui-même l'inexactitude de cette assertion, mais on ne peut s'empêcher de remarquer, qu'après dix-huit siècles, les artistes les plus consciencieux semblent avoir étudié la nature sur les bas-reliefs antiques.

LE TROT

Le trot normal.

La vitesse s'accroît. Après le bipède antérieur, le bipède postérieur prend lui-même une allure courue. En même temps, son avance augmente et atteint un pas simple, les poser se font par paire diagonale : c'est le trot.

On le désigne sous le nom d'allure à deux temps, parce que l'oreille ne perçoit que deux battues distinctes.

Nous empruntons encore à la *Revue de cavalerie* quatre photographies du trot (fig. 16 à 19).

Dans la première (fig. 16), le cheval pose sur le bipède

Fig. 16.

diagonal gauche, les deux membres font effort pour chasser la masse en avant, le diagonal droit se porte en avant pour la recevoir.

Dans la deuxième (fig. 17), le diagonal gauche a quitté

Fig. 17.

terre et, après un temps de projection (qui n'existe que dans le trot un peu allongé), le diagonal droit s'est posé.

Le mouvement continue en ce moment par la vitesse acquise.

La fig. 18 reproduit à peu près l'attitude de la fig. 16,

Fig. 18.

mais un peu plus tôt. Le diagonal gauche se porte en avant, le droit commence à faire effort.

Enfin, la fig. 19 représente le temps de suspension; les

Fig. 19.

membres du diagonal gauche sont étendus et prêts à recevoir le poids du corps.

Le trot décousu.

Lorsque les battues ne sont pas synchrones, l'oreille perçoit quatre sons et le trot est dit *décousu*. Cela peut avoir plusieurs causes.

Parfois, c'est l'arrière-main qui, fatigué, ne pousse plus suffisamment et dont l'avance est moindre qu'un pas simple, comme à la fin du pas relevé.

A petite vitesse, cette allure est souvent prise par les chevaux attelés dont l'arrière-main est très défectueux. Il arrive même, quand l'épaule est longue et le genou descendu, que l'avant-main marche au pas, pendant que l'arrière-main trotte derrière lui. Beaucoup de camionneurs recherchent ce type de cheval, peu coûteux, mais susceptible d'un bon service de trait au pas. On dit, dans ce cas, que le cheval *tire du devant*.

A grande vitesse, c'est le « Flying-trot » des trotteurs de course (fig. 20), décrit par Goubaux et Barrier ([1]). Le pied antérieur quitte terre et prend appui avant son diagonal. Il y a donc projection, non seulement d'un bipède sur l'autre, mais de l'arrière-main sur l'avant-main ([2]). L'arrière-main est en retard, retard sans lequel, d'ailleurs, il serait impossible de maintenir le cheval au trot.

Fig. 20.

Le trot décousu peut avoir également pour cause le fait

([1]) *L'extérieur du cheval*. 2e édit. 1890, par Goubaux et Barrier. — *Paris*, Asselin et Houzeau.

([2]) Comme nous le verrons en parlant du galop, la projection se fait toujours du membre fatigué ou malade sur celui qui est en bon état, parce que la fatigue est moindre pour provoquer le choc que pour le recevoir.

contraire : l'arrière-main pousse trop et son avance est trop forte, alors, le pied postérieur se pose avant son correspondant diagonal. C'est le cas d'un cheval vigoureux conduit par une main maladroite, dont les indications brutales n'arrivent au cerveau qu'après avoir longé toute la moelle épinière et produisent par suite l'acculement.

Fig. 21.

Les chevaux de pas relevé prennent naturellement cette allure, qui était probablement plus commune autrefois qu'aujourd'hui. Il semble bien que ce soit celle qu'ont voulu représenter (fig. 21) Albert Dürer dans « le cheval de la Mort », et Jean Goujon dans le portrait de François Ier (fig. 22).

Représentation artistique du trot.

Le trot ordinaire est, avec l'amble, l'allure dont le mécanisme est le plus simple et le plus facile à saisir. Aussi, soit dans sa forme ordinaire, régulier ou non, soit sous la forme du piaffer, a-t-il été souvent représenté. Aux deux figures précédentes, que nous avons données comme spécimens de trot légèrement désuni, on peut ajouter la suivante (fig. 23), représentant le cheval de Henri IV sur le

Fig. 22.

Fig. 23.

Pont-Neuf, qui est resté le type classique de la représentation exacte du trot.

Toutefois, si l'on compare ces chevaux, surtout les deux premiers, avec celui de la fig. 16, où l'attitude est à peu près la même, on remarquera l'inclinaison excessive des membres à l'appui — inclinaison qui devrait être d'autant moindre que ceux au soutien sont plus haut et plus loin du poser; — il semble qu'on ait représenté des chevaux attelés.

La même observation s'applique au cheval du trompette

Fig. 24.

d'Horace Vernet (fig. 24), qui semble faire effort pour reculer une lourde voiture.

Vitesse du trot.

Le trot est généralement considéré comme l'allure la plus favorable aux parcours longs et rapides. Et, en effet, la plupart des grands records de fond ont été établis au trot, ou à des allures mélangées de pas et de trot.

Nous donnons plus loin un certain nombre de parcours remarquables exécutés de cette façon.

Les trotteurs de course atteignent aujourd'hui des vitesses qui se rapprochent de celles des courses au galop.

On trouvera à la fin de cette étude un certain nombre des records de trot les plus remarquables. Il y a lieu toutefois de remarquer que les grandes vitesses — celles approchant de 800 m par minute — ont été obtenues, non pas au trot, mais à une allure toute spéciale, encore mal connue, et vraisemblablement plus voisine du galop que du trot.

Ces grandes vitesses paraissent exiger une dépense de force musculaire bien supérieure à celle que nécessiterait le galop. L'amplitude des enjambées est en effet strictement limitée à la distance normale des membres postérieurs aux membres antérieurs ; elle tend plutôt à se réduire quand la vitesse croît, et l'accroissement de vitesse est obtenu par une augmentation de la projection. La demi-foulée d'*Abe-Edington* (voir tableau n° 1, p. 33) est de 3 m environ et la projection de 2 m, mesurés d'un pied de devant au pied de derrière qui s'est posé devant lui.

Le cheval procède donc par une série de véritables bonds ; aussi, lorsqu'il est libre et bien construit, a-t-il recours au galop avant d'atteindre sa vitesse de trot maxima.

LE GALOP

Les allures que nous avons étudiées jusqu'ici sont symétriques, c'est-à-dire que, sauf si le cheval boite, la durée des appuis des deux membres, soit du bipède antérieur, soit du bipède postérieur, est la même. Quand l'homme a poussé à sa dernière limite l'étendue de sa projection, il a épuisé ses moyens. Le cheval est dans le même cas, s'il continue à faire courir ses deux bipèdes sans utiliser leur liaison autrement que nous ne l'avons vu. Toutefois, l'intimité de cette liaison lui procure une autre ressource, c'est d'enlever successivement chacun des bipèdes sur l'autre pour lui faire exécuter un saut, comme peut le faire un gymnaste avec une perche.

La fig. 25 représente le début de cette allure. Le bipède

Fig. 25.

postérieur a encore augmenté son avance, il est complètement sous la masse et fait un pas du pied droit ; le bipède antérieur profite de cette avance pour se laisser porter.

Fig. 26.

Au deuxième temps (fig. 26), le bipède postérieur a fini son pas et, en même temps, déposé à terre l'avant-main qui a pris appui sur le pied gauche et fait maintenant un pas à son tour. L'arrière-main se prépare à s'élancer en prenant appui sur le pied droit.

Au troisième temps (fig. 27), le bipède antérieur a fait

Fig. 27.

son pas et en a commencé un autre, pendant que le postérieur a sauté du pied droit et s'appuie sur l'avant-main pour s'élancer le plus loin possible.

Fig. 28.

Malgré cette surcharge, l'avant-main, vigoureusement poussé en avant par l'élan général, saute lui-même du pied droit, et, dans la fig. 28, nous voyons tout le corps du cheval en suspension. Seulement, le bipède antérieur commence son saut, tandis que le postérieur va prendre terre du pied gauche, pour faire un pas du droit, en aidant l'avant-main à terminer son bond, et ainsi de suite.

Des deux membres d'un même bipède, l'un fait l'effort de propulsion, l'autre reçoit le choc de la masse à son arrivée sur le sol. La flexion des paturons, très visible sur les photographies, montre que la fatigue doit être beaucoup plus grande pour le second; aussi le cheval boiteux galope-t-il presque toujours sur le membre boiteux, contrairement à ce qu'on pense souvent. Un homme qui cherche à courir avec un clou dans sa chaussure prend instinctivement une allure analogue à celle du galop et galope sur le pied qui souffre; l'expérience est aisée à faire. C'est, sans doute, pour la même raison que l'arrière-main, qui est le plus fort, arrive à terre le premier et que la projection se fait du devant sur le derrière. De même, pour le trotteur, dont l'arrière-main est presque toujours relativement faible, la fatigue amène un retard de l'arrière-main et une projection de l'arrière-main sur l'avant-main. Souvent même le premier galope pendant que le second continue à trotter.

Contrairement à ce qu'ont écrit certains auteurs, le galop de course ne semble pas avoir un mécanisme différent. Il arrive seulement que, le bipède postérieur ayant encore accru son avance, le pied antérieur gauche ne prend terre, si l'on galope à droite, qu'un certain temps après son correspondant diagonal. L'étendue de la foulée est accrue d'autant, et l'oreille perçoit quatre sons distincts, ce qui a fait donner à cette allure le nom de galop à quatre temps [1].

Cette avance exagérée de l'arrière-main n'exige pas d'ailleurs une extrême vitesse. De même que le « Flying-

[1] On prétend aujourd'hui que le galop de course se rapprocherait de l'amble.

trot » est pratiqué par les trotteurs de course et par les mauvais chevaux de fiacre, de même le galop à quatre temps peut être le résultat d'une allure raccourcie. Ce n'est plus l'arrière-main qui va trop vite, c'est l'avant-main qui va trop lentement. C'est là, semble-t-il, l'allure qu'a représentée Phidias sur la frise du Parthénon (fig. 29).

Fig. 29.

Il peut même arriver, très exceptionnellement, au galop de course, que, l'avance de l'arrière-main étant plus grande encore, l'avant-main ne prenne terre qu'après que l'arrière-main l'a quittée et a déjà commencé son saut. Il y a alors double projection.

Représentation artistique du galop.

Le galop est, en somme, d'un mécanisme assez simple et, en général, bien connu (au moins le galop ordinaire). Cela n'empêche pas qu'il n'ait été parfois bien mal représenté. Aux grandes vitesses, l'œil est incapable de suivre le mouvement des membres, et ne les voit qu'à l'instant où, le sens de ce mouvement changeant, ils éprouvent un temps d'arrêt relatif, c'est-à-dire lorsqu'ils sont étendus en avant ou en arrière. De plus, au moment où, dans le galop à droite par exemple, le membre antérieur droit arrive en avant (fig. 26), l'œil, par l'effet de la persistance des impressions lumineuses sur la rétine, y voit encore le membre gauche, bien que celui-ci ne s'y trouve plus réellement. Enfin, comme l'extension des membres postérieurs en arrière suit de très près celle des membres antérieurs en avant, l'œil tend à les juger simultanées.

Géricault, dans son tableau des courses d'Epsom, auquel est emprunté le croquis 30, a donc représenté la nature, non telle qu'elle est, mais, du moins, telle que la voient tous les yeux qui ne sont pas particulièrement exercés.

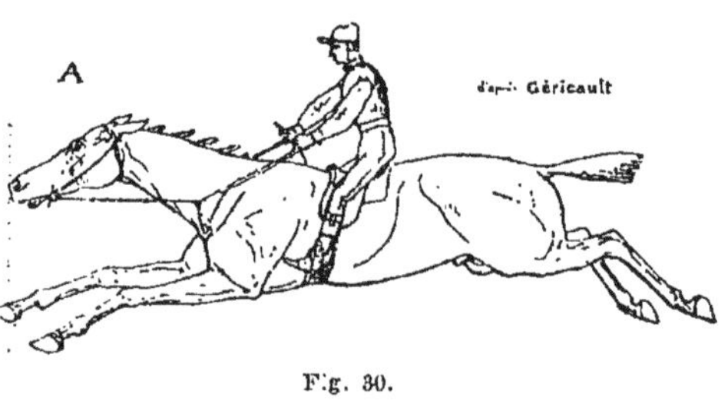

Fig. 30.

On n'en saurait dire autant de tous les artistes qui l'ont précédé. Les chevaux du Parthénon étaient justes, mais trop acculés, et beaucoup d'artistes n'ont, semble-t-il, pris à Phidias que son défaut.

Raphaël, dans son Saint-Georges, nous montre un cheval (fig. 31) dans une attitude bizarre, dont on a dit beaucoup de mal. Il faut observer cependant que

Fig. 31.

Fig. 32.

le peintre n'a, sans doute, pas eu l'intention de représenter une allure normale ; les circonstances prêtent plus au cabrer qu'au galop et, quant à l'animal lui-même, peut-être devait-il représenter, non pas le cheval de l'époque, mais plutôt le type du cheval de bataille tel qu'on le recherchait : du sang, dénoté par la finesse de la tête et des membres, et un corps (surtout un avant-main) énorme, propre à accroître la puissance de choc dans la charge. De tels chevaux, ancêtres de nos boulonnais, coûtaient des prix excessifs ; le duc Jean de Berry en a payé certains jusqu'à 2 500 livres tournois (au moins 100 000 fr. de nos jours). Ces mastodontes en étaient arrivés à ne plus pouvoir se porter eux-mêmes que péniblement. Bayard, se rendant à sa première garnison, voyageait, dit le fidèle serviteur, « à petites journées, parce qu'il menait les grands chevaux ».

Quoi qu'il en soit, le cheval de Saint-Georges semble avoir servi de modèle, non seulement aux constructeurs de chevaux de bois, mais aux artistes, à Van der Meulen, à Oudry, à Horace Vernet, dont la *Revue de Cavalerie* a publié plusieurs reproductions. L'une des plus intéressantes est donnée ci-contre (fig. 32). On pourrait multiplier ces exemples à l'infini.

Meissonier, surtout dans la dernière période de sa carrière artistique, s'est rapproché de la nature (fig. 33), ou plutôt, il semble avoir cherché un moyen terme entre la réalité et l'attitude apparente, telle que l'avait rendue Géricault. Aimé Morot a imité ce compromis dans plusieurs tableaux, notamment pour le personnage principal de sa charge de

Fig. 33.

Reichshoffen (fig. 34). Mais en outre, sur le même tableau, il donne un cheval dans une attitude parfaitement juste, la seule, parmi les attitudes que prend réellement le cheval dans le galop allongé, qui soit à peu près perceptible à l'œil. Mais il faut avouer que cette attitude (fig. 35), si elle est exacte, n'est pas gracieuse.

Fig. 35.

Vitesse du galop.

Il est aisé de concevoir que le galop, qui utilise successivement l'effort musculaire des deux bipèdes, permette l'obtention de vitesses considérables. Les chevaux de course atteignent, en effet, près de 1000 m par minute. Ces vitesses exigent naturellement une très grande dépense de forces ; elles exigent, surtout, que le cheval ait des membres très forts eu égard à son poids, puisque ce poids est fréquemment porté sur un seul membre. Toutefois, à vitesse égale, la projection est bien moins considérable qu'au trot de course, ce qui explique que les galopeurs aient battu les trotteurs dans toutes les circonstances où on les a fait lutter dans des conditions équivalentes, et quelle que fût la longueur des parcours.

C'est dans un match de ce genre que *Triboulet* a parcouru 40 km en $1^{h}20^{min}$, sur une route macadamisée et sans quitter le galop. Ses fers étaient usés, et il a fini le parcours les pieds en sang, sans toutefois que cette course ait eu d'effet funeste sur sa santé. Ce record n'a, croyons-nous, été battu par aucun cheval monté.

Le général Daumas, grand amateur, à l'imitation des Arabes, de courses de fond, cite plusieurs parcours remarquables. Mohammed ben Farhât a fait 25 km en 45 min, Bel Kassem ben Yahia 16^{km},700 en 25 min, Abd-el-Kader ben Tahieb 25^{km},750 en 53 min. Enfin en 1870, le major Saunders, des chevau-légers hessois, a parcouru 21 km en 40 min.

Avantages respectifs des trotteurs et des galopeurs.

Le plus beau record de trotteur monté que l'on puisse, à notre connaissance, mettre en parallèle avec les précédents, est celui (cité par Goubeaux et Barrier) de *Phénoména,* qui a parcouru 27 km en 53 min. Elle aurait donc été battue certainement par *Triboulet,* ainsi que par les chevaux du major et de deux des Arabes. Il est probable qu'elle eût été battue aussi par le cheval d'Abd-el-Kader ben Tahieb, car elle ne portait que 34^{kg},753.

Comme cheval de selle, le galopeur n'a pas seulement une plus grande vitesse et une résistance supérieure ; il a aussi, et surtout, une adresse incomparablement plus grande.

Une fois lancé dans une foulée, le pied du trotteur se pose où il peut. S'il rencontre un trou, l'autre pied ne peut venir à son aide qu'en supprimant la projection suivante, c'est-à-dire en arrêtant toute la masse. Au galop, au contraire, lorsqu'un pied se pose après la projection, l'autre est tout près, et l'avant-main, toujours plus exposé, ne se pose qu'après l'arrière-main. Enfin, à vitesse égale, le galopeur est plus loin de son maximum de vitesse et par conséquent d'effort. Aussi tous les chevaux tendent-ils à galoper dans les terrains lourds et raboteux.

D'autre part, les tournants sont très difficiles pour le trotteur. Il ne peut les prendre que pendant la projection, en portant le pied antérieur en dedans, le postérieur en dehors du cercle. Une fois sur deux, cela l'oblige à croiser ses jambes.

Au galop, il peut pivoter sur le pied qui pose à terre et, pendant l'appui bipédal, il n'a à se croiser que s'il est sur le mauvais pied. A vitesse égale, il tourne donc moins aisément au trot qu'au galop à faux.

Le galop est donc l'allure rapide de manœuvre et de combat par excellence. Le trot est l'allure de route, et doit être abandonné dès que la vitesse à atteindre approche de la limite des moyens de l'animal.

LES GRANDS RECORDS AUX DIVERSES ALLURES

Il y a peu de chose à dire sur le pas. La vitesse ordinaire d'un bon cheval est de 120 à 130 m par minute, soit de 7^{km},200 à 7^{km},800 à l'heure. On en rencontre qui dépassent cette vitesse, mais celle de 8 km à l'heure, *au pas régulier*, est très rare. En revanche, aux divers pas rompus, pas relevé, pas arabe, etc..., on atteint très aisément 10 km.

Quant à l'étendue du parcours, elle semble pouvoir être presque indéfinie ; elle n'est guère limitée que par les nécessités de l'alimentation.

Les véritables records au pas sont ceux des chevaux de trait, et c'est alors le poids de la charge qu'il faut considérer, plutôt que l'étendue du parcours. Nous avons donné précédemment quelques indications relativement à la puissance de travail du cheval au pas. (V. plus haut, page 10.)

Records au trot.

Les chevaux de selle prennent, d'ordinaire, le galop avant d'avoir allongé le trot à son maximum, et c'est certainement une erreur d'attribuer autant d'importance qu'on le fait chez nous aux courses de trotteurs montés. Les courses américaines se font toujours au sulky [1]. Les

---

[1] On nomme sulky une voiture de course, très légère, à roues en bois de grandes dimensions ou bien à roues métalliques avec bandages pneumatiques. Les modèles les plus récents ne pèsent pas plus de 40 kg.

chevaux russes orloff sont de bons chevaux de voiture, mais assez médiocres à la selle.

Les records au trot sont très nombreux et ordinairement assez exacts. Cette allure ayant moins d'élasticité que le galop, le train des courses est relativement plus rapide et surtout plus régulier. Enfin, on attache une importance extrême au record, et beaucoup de courses se font au chronomètre.

Aux États-Unis (¹), en particulier, on s'attache à mesurer avec le plus grand soin les vitesses des « trotteurs » et des « pacers » (ambleurs). C'est ainsi que les résultats des courses sont enregistrés, depuis plusieurs années déjà, au *quart de seconde,* qui représente à peu près, comme espace parcouru, la longueur d'un cheval étendu pour le plein trot à la vitesse du mille en $2^{min}30^{sec}$.

Pour figurer au *Trotting Register,* le trotteur doit, attelé à un véhicule à 2 roues portant un poids d'au moins 68 kg, y compris le conducteur, franchir la distance d'un mille (1 609 m) en $2^{min}30^{sec}$. L'inscription à ce registre range le trotteur dans une classe de chevaux dont les vitesses exceptionnelles sont publiées.

Le tableau n° 1 ci-après contient divers records anciens, antérieurs à l'apparition des ambleurs.

Le tableau n° 2 donne les records accomplis en différents pays dans ces dernières années.

TABLEAUX

(¹) Ces renseignements sont extraits d'un article de M. Francis Galton, publié dans la *Revue scientifique,* numéro du 5 mars 1898.

Tableau n° 1. — Records au trot, antérieurs à l'apparition des ambleurs.

NOM DU CHEVAL.	DATE.	LIEU de la course.	PARCOURS.	DURÉE.	VITESSE en mètres par seconde.	VITESSE en mètres par minute.	VITESSE en kilomètres par heure[1].	AUTEURS qui ont cité le record.	OBSERVATIONS.
			m	min sec	m	m	km		
Bedouin (Orloff)	»	»	5 500	8 41	10,556	633,36	38,000	Goubeaux et Barrier.	*N. B. — Toutes ces courses ont été faites attelées.*
Loubetzny (Orloff) . . .	»	»	5 000	8 8	10,250	615,00	36,900	Id.	
Verny (Orloff)	1878	*Paris.*	4 000	6 14	10,695	641,70	38,500	Id.	
Kasmack (Orloff). . . .	»	»	3 200	5 4	10,509	630,54	37,830	Id.	
Santa Claus (Américain).	1881	»	1 609	2 18	11,658	699,54	41,970	*Revue des Haras.*	
Abe Edington	»	»	»	»	11,900	714,00	42,810	Goubeaux et Barrier.	
Dutchman	Avant 1890	*Angleterre.*	1 609	2 35	10,380	622,80	37,360	Id.	Meilleur record cité par Goubeaux et Barrier.

[1] En supposant l'allure maintenue.

Tableau n° 2. — Records au trot, accomplis dans ces dernières années.

NOM DU CHEVAL.	DATE.	LIEU de la course.	PARCOURS.	DURÉE.	VITESSE en mètres par seconde.	VITESSE en mètres par minute.	VITESSE en kilomètres par heure(¹).	ATTELÉ ou monté.	AUTEURS qui ont cité le record.	OBSERVATIONS.
			m	min sec	m	m	km			
Bulford	1894	*Vincennes.*	5 000	8 11	10,160	609,60	36,57	Attelé.	»	
Flusch	1892	»	4 325	6 33	11,000	660,00	39,60	»	Renseignement donné par M. Bassigny.	
Pas-de-Chance	1892	Id.	4 000	6 3	11,016	660,96	39,66	Monté.	Id.	
Flusch	1895	*Russie.*	3 200	4 41	11,387	683,22	40,99	»	*Revue des Haras.*	Record français en 1895.
Narquois	»	*Vincennes.*	3 200	4 47	11,110	666,60	39,99	»	Id.	Id.
Fil-d'Acier	1894	*Maisons-Laffite.*	3 200	4 47	11,110	666,60	39,99	Monté.		
Prométhée	»	*Russie.*	3 200	4 47	11,110	666,60	39,99	»	Id.	Record russe en 1896.
Alf	»	*Norwège.*	1 609	2 44	9,810	588,60	35,32	»	Id.	— norvégien en 1896.
Rowley	»	*Angleterre.*	1 609	2 21	11,173	670,38	40,22	»	Id.	— anglais —
Valkyr	»	*Italie.*	1 609	2 17	11,745	704,70	42,28	»	Id.	— italien —
Képy	»	*France.*	1 609	2 20	11,490	689,40	41,36	»	Id.	— français du mille en 1895.
Milyi	»	*Russie.*	1 609	2 15	11,851	711,00	42,66	»	Id.	— russe —
Spoffort	»	*Autriche.*	1 609	2 16	11,830	709,80	42,59	»	Id.	— autrichien —
Fritz	»	*Australie.*	1 609	2 14	12,000	720,00	43,20	»	Id.	— australien — (probablement ambleur).
Records d'ambleurs.										
Kentucky-Union	1896	*États-Unis.*	1 609	2 10	12,370	742,20	44,53	Attelé.	*Revue des Haras.*	
Badge	Id.	Id.	1 609	2 7	12,670	760,20	45,60	Id.	Id.	Record le 15 mai 1896.
Alix	Id.	Id.	1 609	2 3	13,080	784,80	47,08	Id.	Id.	
John R. Gentry (roi des ambleurs)	Id.	*Glen Falls.*	1 609	2 1	13,290	797,40	47,84	Id.	Id.	— le 15 décembre 1896.

(¹) En supposant la même vitesse maintenue.

Ce second tableau montre les progrès considérables réalisés dans les dernières années.

Bien que la France soit assez loin de détenir le record des trotteurs sur les faibles distances, on est arrivé dès 1894 à y produire des coureurs capables de parcourir 5000 m à une allure à peine inférieure à celle qui, quatre ou cinq ans plus tôt, paraissait être la vitesse maxima qu'on pût obtenir sur une distance trois fois plus faible.

On peut remarquer aussi que les Russes ont été des initiateurs dans ce genre de sport.

Records au galop. Courses de faible durée.

Les records authentiques de galopeurs sont assez rares et peu sûrs. D'une part, on n'est jamais certain que le gagnant, ni même ses concurrents, aient donné leur vitesse moyenne maxima, le train étant souvent très lent, eu égard aux moyens des chevaux. D'autre part, les distances sont mesurées très grossièrement et souvent erronées de plusieurs centaines de mètres. Enfin, les instruments employés pour la mesure du temps permettent une erreur de plusieurs secondes, malgré leur prétention d'en donner le 1/5 et même le 1/10, et ces erreurs sont d'autant plus graves que l'allure est plus rapide et la course plus courte.

Nous avons cependant réuni dans le tableau n° 3 quelques records parmi ceux qui paraissent les mieux établis.

Tableau n° 3. — Records au galop.

NOMS des chevaux.	DATE.	LIEU de la course.	PARCOURS.	DURÉE.	VITESSE en mètres par seconde.	VITESSE en mètres par minute.	VITESSE en kilomètres par heure(¹).	AUTEURS qui ont cité le record.	OBSERVATIONS.
			m	min sec	m	m	km		
Flying Childers.	»	»	6 761	7' 30"	15,024	901,44	54,08	*Revue des Haras.*	
Soliman	1897	*Longchamps.*	5 000	6 42	14,925	895,50	53,73	*Petit Journal* du 10 mars 1897.	Course de haies.
Witschoft	1847	*Paris.*	4 000	4 44	14,840	890,40	53,42	Goubeaux et Barrier.	
Goualeuse	1847	*Arles.*	3 000	3 17	15,228	913,68	54,82	Id.	
Nautilus	1840	*Paris.*	2 500	2 43	15,337	920,00	55,21	Id.	
Fortunatus	1840	*Chantilly.*	2 000	2 18	14,492	869,52	52,17	Id.	
Divers chevaux.	De 1835 à 1850	*Champ de Mars.*	Variables.	»	13,516 à 14,300	811,00 à 858,00	48,66 51,48	Gal de Lamoricière. (Rapport à la Commission des Haras.)	Comparaison entre les chevaux de course anglais et français.
Id.	Id.	*Newmarket.*	Analogues	»	13,616	817,00	49,00	*Revue des Haras* (mai 1896).	
Eylau	»	»	2 000	2 19	14,390	863,40	51,80	Journaux du temps.	Battant Ragotzki, gagnant du grand prix de l'année précédente.
Galette	1894	*Longchamps.*	2 000	2 17	14,650	879,00	52,74		
Ten Brock	1877	*Louisville.*	1 609	1 39	16,252	975,00	58,50	Goubeaux et Barrier.	
Calcéolaire	1894	*Longchamps.*	1 600	1 43	15,516	930,96	55,86	Journaux du temps.	Poule d'essai des pouliches.
Beaujolais	1894	Id.	1 600	1 43	15,516	930,96	55,86	Id.	Poule d'essai des poulains.
Palmiste	1897	Id.	2 100	2 19	15,107	906,42	54,38	*Petit Journal* du 17 mai 1897.	Prix Lupin (grande poule des produits).
Adamia	1897	Id.	2 200	2 22	15,493	929,58	55,56	Id.	Prix du Lac (15 000 fr.).
Abencérage	1897	Id.	2 000	2 15	14,814	888,84	53,33	Id. du 20 avril 1897.	Prix des Cars.
Valparaiso	1897	Id.	2 000	2 09	15,356	921,36	55,28	Id. Id.	40e Biennal (25 000 fr.).
Flacon	1897	Id.	2 500	2 42	15,432	925,92	55,55	Id. du 14 mai 1897.	Prix Noailles (41 000 fr.).
Flavert	1897	Id.	3 000	3 40	13,636	818,16	49,09	Id.	Prix Reiset (25 000 fr.).
Palmiste	1897	Id.	2 400	2 43	14,724	883,34	53,00	Id.	Derby.

(¹) En supposant que la même vitesse ait été maintenue.

A ces records, nous ajouterons les deux suivants, qui diffèrent trop des autres pour être acceptés autrement que sous bénéfice d'inventaire.

D'après la *Revue des Haras*, *Saillie-Gardner* aurait parcouru 1 142 m en une minute, soit à la vitesse de 19 m par seconde ou 68^{km},50 à l'heure et un cheval nommé *Ali-Baba* aurait parcouru 1 000 m en 50 secondes, ce qui représente une vitesse de 20 m par seconde, de 1 200 m à la minute et de 72 km à l'heure. Nous n'avons aucun renseignement sur la date et le lieu de cette prodigieuse performance.

Quoi qu'il en soit, exception faite des ambleurs, dont l'allure est encore mal connue, les vitesses des trotteurs restent encore inférieures de 25 pour 100 à celles des galopeurs. Bien loin de s'en rapprocher dans les longs parcours, elles s'en éloignent peut-être davantage.

Courses de fond.

Nous désignerons sous ce nom, par opposition aux raids, les courses d'assez faibles parcours pour avoir pu être accomplies d'une seule traite sans arrêt et sans passer au pas, au moins pendant un temps appréciable. Les courses de ce genre, dès qu'elles dépassent quelques kilomètres, sont de véritables massacres, justement réprouvés par tous les amis du cheval. Elles n'en donnent pas moins des renseignements d'un haut intérêt.

TABLEAU.

Tableau nº 4. — Courses de fond.

NOM du cheval.	DATE.	LIEU de la course.	PARCOURS.	DURÉE.	VITESSE en mètres par seconde.	VITESSE en mètres par minute.	VITESSE en kilomètres par heure.	ATTELÉ ou monté.	AUTEURS qui ont cité le record.	OBSERVATIONS.
			km		m	m	km			
N.	1895	*Avranches.*	140,00	8h	4,860	291,60	17,496	Attelé.	Renseignements communiqués par M. Allain.	Mort le soir.
N.	Id.	Id.	Id.	10h	3,889	233,34	14,000	Id.	Renseignements communiqués par MM. Allain, Paillard et de Béjarry.	En bon état (ce cheval engagé dans la même course que le précédent avait fait des repos).
Pomponne	1891	*Paris au Havre.*	130,00	8h30′	4,248	254,88	15,290	Id.		
Zimey	1896	*Russie.*	106,00	7h25′	4,200	252,00	15,120	Montés.	*Revue des Haras.*	Les concurrents ont pris part à l'arrivée à une course de 2 131 m gagnée par Zimey en 2′15″
Madame-Auchy . . .	1896	Id.	106,00	7h26′						
Pomponne	1894	*Bordeaux.*	95,00	5h	5,270	316,20	18,970	Id.	Renseignements communiqués par M. Allain.	Morte en route.
Triboulet	Vers 1880	*Longchamps.*	40,00	1h20′	8,333	500,00	30,000	Id.	Renseignements communiqués par M. Paillard.	
Falconia	1881	*Vendôme.*	40,00	1h20′	8,333	500,00	30,000	Id.	A. Dupont.	Morts dans la nuit.
Câline	Id.	Id.	40,00	1h21′	8,230	493,83	29,630	Id.	Id.	
Archer	»	»	40,00	1h	11,175	666,66	40,000	Attelé.	Goubeaux et Barrier.	
Spider	»	»	38,00	1h30′	7,152	429,12	25,750	Id.	Id.	
Phenomena	»	*Angleterre.*	27,36	53′	8,600	516,00	30,960	Montée.	Id.	
N. monté par *Mohammed Ben Farhat.* .	Vers 1840	*Algérie.*	25,00	45′	9,250	555,00	33,300	Id.	Général Daumas.	
N. monté par le major *von Saunders.*	1870	*Campagne de la Loire.*	21,00	40′	8,500	510,00	30,600	Id.		Avec le paquetage de campagne.
N. monté par *Bel Kassem ben Yahia* . .	Vers 1840	*Algérie.*	16,70	26′	10,700	642,00	38,520	Id.	Id.	
Camarine	1895	*Normandie.*	14,00	26′ 50″	7,086	425,16	25,510	Attelée.	*Revue des Haras.*	
Renard	1847	»	9,00	15′ 5″	9,625	577,50	34,650	Monté.	Goubeaux et Barrier.	
Loubezny	»	»	6,00	10′	9,983	598,98	35,940	Attelé.	Id.	
Ten Brock	1877	*Louisville.*	6,00	7′ 15″	14,797	887,82	53,270	Monté.	Id.	

Dans les très longs parcours, les chevaux attelés ont une supériorité notable, qu'ils ne commencent à perdre qu'au-dessus de 40 km. Il est hors de doute en effet que, si le travail à la voiture impose au cheval une contrainte incompatible avec les très grandes vitesses, il le fatigue beaucoup moins que le travail à la selle et lui permet de soutenir bien plus longtemps une allure vive, quoique inférieure à la limite de ses moyens.

Raids.

Nous désignerons sous ce nom les parcours de grande étendue comportant l'emploi d'allures variées, où domine ordinairement le pas et où le galop est rare, et comportant également des repos plus ou moins prolongés et plus ou moins fréquents.

L'habileté du cavalier, son tact et la connaissance qu'il a des moyens de sa monture sont absolument prépondérants dans l'exécution de ces courses, dont beaucoup ont été accomplies avec des animaux d'ordre très inférieur, âgés, tarés, même boiteux. Bien qu'ils aient parfois occasionné des accidents, les raids sont moins dangereux pour les chevaux que les courses de fond proprement dites. Un cavalier prudent peut tenter sans péril pour sa monture les parcours les plus durs ; il suffit de savoir ralentir ou s'arrêter à temps.

Tous les auteurs d'équitation citent un grand nombre de parcours remarquables ; nous donnons ici les plus intéressants comme distance ou comme vitesse.

Tableau n° 5. — Raids

NOM du cheval ou du cavalier.	LIEU de la course.	ANNÉE.	PARCOURS.	DURÉE.	ÉTAPE moyenne par jour.	VITESSE moyenne par heure.	AUTEURS CONSULTÉS.	OBSERVATIONS.
			km		km	km		
Capitaine *Piechkow*	*Russie.*	1890	5 204	113 j	46	»	A. Dupont.	Avec deux chevaux.
Cornette *Assieiev*	*Loubny à Paris.*	1889	2 633	32 j	82	»	Id.	
Morgan	*États-Unis.*	1862	1 609	21 j	67	»	Id.	Avec 900 hommes et en faisant des opérations de guerre avec 3 régiments et une batterie.
Grierson	Id.	Id.	804	16 j	50	»	Id.	
Athos (Lt *Starenberg*)	*Vienne. Berlin.*	1893	630	71h 40	210	8,78	*Revue de cavalerie.*	
Marsca (Lt *von Micklas*)	Id.	Id.	Id.	74h 27	203	8,45	Id.	
Lippspringe (Lt *von Restznisten*)	Id.	Id.	Id.	73h 07	207	8,63	Id.	Premier des cavaliers allemands.
Coralie	*Bordeaux.*	1896	550	65h 13	203	8,46	*Revue des Haras.*	Attelée. 4 chevaux sont morts en route.
Pomponne	*Paris. au Havre.*	1894	440	54h 50	192	8,00	Renseignements communiqués par MM. Allain, Paillard et de Béjarry.	Attelées. Les deux juments ont bien supporté la course.
Gazelle	Id.	Id.	426	56 h	182	7,60		
Divers	*Hongrie.*	1893	402	93 h	103	4,32	A. Dupont.	Trois officiers de réserve autrichiens montant des chevaux de réforme.
La Mascotte	*Lunéville.*		350	72 h	116	4,80	Id.	
N. et N.	*Paris.*	1850	320	40 h	192	8,00	Saint-Ange.	Attelés.
Peasanton	*États-Unis.*	1862	265,5	3 j	88,5	3,69	Id.	Avec opérations de guerre.
La Mascotte		1882	264	21 h	»	12,57	A. Dupont.	Morte en route.
Stuart	Id.	1862	241	3 j	80	»	Id.	Avec opérations de guerre.
Détachement	Id.	1870	225	18h 30		12,4	Id.	
Prince *de Saxe-Weimar*	*Allemagne.*	1880	222	19 h		11,68	Id.	
Lieutenant *von Katzler*								
Pomponne	*Paris.*	1894	220	20h 30		10,70	Renseignements verbaux.	Attelée.
N. à M. *Gautrot* de Brienne	*Brienne.*		200	24 h		8,33	Communiqué par le capitaine Ferrus.	Attelé.
Lieutenant **Valder**	*Sedan.*	1892	208	23 h		9,01	A. Dupont.	
Bague	»	1882	172	14 h		12,28	*Revue de cavalerie.*	
La Mascotte	»	»	168	15 h		11,20	Id.	
Lieutenant *Robertson* et 3 maréchaux des logis	*États-Unis.*	1880	164	23h 1/2		6,93	A. Dupont.	
Lieutenant *von Arnim*		1870	160	18 h		8,85	*Revue de cavalerie.*	
Lieutenant *von Bœhl*			Id.	18h 30		8,64	A. Dupont.	
Verny			128	9h 5		13,47	Renseignement donné par MM. A. Bassigny et Paillard.	Mort des suites.

NOTE-ANNEXE

De la quantité de travail qui peut être demandée à un cheval de guerre.

Que peut demander à son cheval un cavalier qui ne veut pas le tuer?

La question ainsi posée est difficile à résoudre. Cela dépend du cheval, de son état d'entraînement, de la température, des difficultés de la route, etc..., etc... Le tact du cavalier consiste justement à deviner, à sentir en quelque sorte tout ce qui n'est pas susceptible d'être soumis au calcul ni même à l'expérimentation proprement dite. Mais les plus habiles s'y trompent souvent.

Avant l'apparition des chemins de fer, alors que le cheval était presque le seul moteur connu pour les voitures, on a beaucoup tenté de soumettre ses moyens au calcul et de savants auteurs, aujourd'hui bien oubliés pour la plupart, ont échafaudé des théories curieuses sur ce sujet. Bien qu'insuffisantes pour suppléer au tact dont nous parlions tout à l'heure, ces théories donnent cependant des indications intéressantes.

Nous nous sommes proposé d'appliquer au cas du cavalier militaire quelques-unes de celles qui nous ont semblé offrir le plus de garantie. Sans prétendre que les formules qui s'en déduisent s'appliquent à tous les cas, on peut remarquer qu'elles se vérifient assez souvent.

D'après *Tredgold*, un cheval libre peut parcourir chaque jour :

70 km	en 10 h		à la vitesse de	7 km	à l'heure.
60	—	7 h	—	8 — 1/2	—
50	—	5 h	—	10 —	—
40	—	3 h 1/4	—	12 — 1/2	—
30	—	1 h 3/4	—	16 — 1/2	—
25	—	1 h 1/4	—	20 —	—

On remarquera que le produit de la vitesse par le chemin parcouru est sensiblement constant et égal à 500.

Pour passer du cheval libre au cheval monté on peut admettre avec *Courtois* que la charge maxima, au delà de laquelle tout mouvement est impossible, est de 250 kg, charge adoptée jadis par les pelletiers anglais. Entre cette charge et celle de 0, qui correspond à l'étape de 70 km, à la vitesse de 7 km à l'heure, on peut aussi admettre que la courbe représentant la relation entre le parcours et la charge diffère peu d'une ligne droite. On trouve ainsi, avec cette vitesse de 7 km à l'heure :

Pour un cavalier muni du paquetage de campagne	(125 kg environ)	35 km
Pour un cavalier moyen	(80 kg environ)	45 —
— léger	(60 —)	50 —
Pour un jockey	(45 —)	55 —

Avec la vitesse de 10 km à l'heure, on trouvera de même que le cavalier chargé en guerre peut parcourir chaque jour 25 km et le cavalier léger 37 à 38 km.

A la vitesse de 12 km à l'heure, le cavalier militaire ne parcourra plus que 20 km, l'autre 30 km.

A celle de 16 km, on arrivera à 15 km et 22 km. Enfin, à la vitesse de 20 km, on tombera à 12 km et 18 km.

Si, au lieu d'une étape journalière, il s'agit d'une journée qui peut être suivie d'un repos au moins relatif, on peut très aisément faire une étape le matin et une le soir en conservant les mêmes vitesses.

Si le cheval est très lourdement chargé, à 140 kg ou 150 kg, ou attelé à une voiture pesante, à des voitures d'artillerie dans de très mauvais terrains par exemple, les conditions qui, d'après Tredgold, donneront les meilleurs résultats sont celles du premier tableau en diminuant de moitié les vitesses et les parcours.

35 km en 10 h à la vitesse de 3^{km},500 à l'heure (haltes horaires et grande halte comprises);

30 km en 7 h à la vitesse de 4^{km},250 à l'heure (haltes horaires et grande halte comprises);

25 km en 5 h à la vitesse de 5 km (la grande halte n'est plus nécessaire);

20 km en 3 h 1/4 à la vitesse de 6 km 1/4 (on peut supprimer les haltes horaires);

15 km en 1 h 3/4 à la vitesse de 8 km 1/4;

12 — 1 h 1/4 — de 10 — .

Dans certains cas, on pourra forcer la vitesse jusqu'au double, en réduisant le parcours proportionnellement, et faire :

17 à 18 km	à la vitesse	de 7	km à l'heure.
12 km	—	de 10	—
10 —	—	de 12	—
7 à 8 km	—	de 16	—

Cette vitesse et *à fortiori* les vitesses supérieures deviennent difficiles à obtenir de chevaux d'artillerie.

Pour les chevaux montés portant poids raisonnable, on peut faire le même calcul, mais seulement pour les faibles vitesses.

Le cavalier militaire parcourra ainsi :

17 à 18 km	à la vitesse	de 14	km par heure.
12 km	—	de 20	—

Le cavalier léger pourra parcourir :

25 km à la vitesse de 14 km par heure.
18 à 19 km à la vitesse de 20 km par heure.

Nancy. — Imprimerie Berger-Levrault et Cie.

LE MÉCANISME
DES ALLURES DU CHEVAL

NOTIONS ÉLÉMENTAIRES

Par Maxime GUÉRIN-CATELAIN

Un volume grand in-8, avec 59 chronophotographies et croquis, broché, 3 fr.

La Cavalerie allemande. Histoire. Organisation. Recrutement. Avancement. Administration. Instruction et discipline. 1893. Un volume grand in-8 de 792 pages, avec 42 gravures, broché. . . . . **10** fr.

La Cavalerie italienne. Histoire. Organisation. Recrutement. Avancement. Administration. Instruction et discipline, par G. R., capitaine breveté de cavalerie. 1898. Un volume grand in-8 de 216 pages, avec 56 gravures, broché . . . . **4** fr.

Armée allemande. — Règlement du 20 juillet 1894 sur le service en campagne. Traduit de l'allemand par le colonel Peloux, du service d'état-major. Un volume in-12 de 250 pages. . . . . **2** fr. **50** c.

Armée russe. — Règlement de 1881 sur le service en campagne, modifié le 1er janvier 1888. Traduit du russe par G. Bardonnaut, capitaine du génie, breveté. Un volume in-12, broché . . . . **2** fr.

Règlement d'exercices de la cavalerie allemande, du 16 septembre 1895. Traduit par le commandant Silvestre, chef d'escadrons de cavalerie. Volume in-8 de 276 pages, avec 21 figures et la musique des sonneries réglementaires. . . . **3** fr.

Le Nouveau Règlement sur les exercices de la cavalerie allemande comparé au Règlement français, par P. S. Une brochure de 80 pages. **2** fr. **50** c.

Les Règlements de manœuvres de la cavalerie russe. Traduction et analyse par G. Bardonnaut, capitaine du génie, breveté, hors cadre, à l'état-major du 9e corps d'armée. 1897. Un vol. grand in-8, avec les sonneries réglementaires, br. . . **3** fr.

L'Armée et la cavalerie italiennes, par A. A. 1893. Volume gr. in-8, br. . **3** fr.

Le Nouveau Règlement d'exercices de la cavalerie italienne, traduit par le capitaine Picart. 1890. In-8, avec 19 fig. broché. . . . . **2** fr.

Manuel d'Équitation de la cavalerie allemande, traduit de l'allemand par le commandant Chabert, major au 4e chasseurs. 1re partie. 1887. Un volume in-12, avec 8 planches, broché . . . . **3** fr. **50** c.

— 2e partie. 1888. Un volume in-12, avec 10 planches, broché . . . . **5** fr.

Règlement d'exercices de la cavalerie autrichienne. Titre II. Instruction du cavalier à cheval. Traduit par le comt Chabert. 1887. Un volume in-12, br. **2** fr. **50** c.

Méthode de dressage du cheval de troupe, par P. Plinzner, écuyer de l'empereur d'Allemagne. Traduit par le lieutenant A. Lehr. 1894. Vol. de 175 pages, in-12, avec 1 planche, broché . . . . **2** fr. **50** c.

Idées pratiques sur le service de la cavalerie, par le général de Rosenberg. Traduit de l'allemand avec l'autorisation de l'auteur. 2e édition. 1894. Un volume in-12, broché . . . . **3** fr.

Instruction et conduite de la cavalerie, avec des exercices de troupes de toutes armes en terrain varié. Testament d'un cavalier, par le général-lieutenant G. de Pelet-Narbonne. Traduit de l'allemand. 1896. Volume in-8, avec 16 croquis, broché. **5** fr.

La Division de cavalerie dans la bataille, par l'auteur de la brochure « Armement, instruction, organisation et emploi de la cavalerie », traduit de l'allemand par le capitaine Thomann, professeur à l'École sup. de guerre. 1885. Gr. in-8, br. **3** fr.

Directives tactiques pour la formation et la conduite de la division de cavalerie, par l'auteur de la brochure « Armement, instruction, organisation et emploi de la cavalerie ». Traduit de l'allemand par le capit. J. Martin. 1888. Gr. in-8, br. **3** fr. **50** c.

Méthodes d'exploration de la cavalerie. Les escadrons de découverte, par le général-major A. v. Kaulbars. Traduit du russe. 1889. In-8 avec 3 planches, br. **3** fr.

La Patrouille d'officier et le Rôle stratégique de la cavalerie, par G. v. Kleist, capitaine de cavalerie. Traduit de l'allemand par A. d'Assailly, capitaine au 4e hussards. 1889. In-8, broché . . . . **2** fr.

Nancy, impr. Berger-Levrault et Cie

www.ingramcontent.com/pod-product-compliance
Ingram Content Group UK Ltd.
Pitfield, Milton Keynes, MK11 3LW, UK
UKHW012111240726
13965UKWH00004B/1697

9 782013 363457